故宮 御貓夜遊記 ⑤

戰神天馬

常怡／著　　陳昊／繪

中華教育

責任編輯：余雲嬌

裝幀設計：鄧佩儀 龐雅美

排版：鄧佩儀 龐雅美

印務：劉漢舉

故宮御貓夜遊記 ⑤

戰神天馬

常怡 / 著　　陳昊 / 繪

出版 | 中華教育

香港北角英皇道 499 號北角工業大廈 1 樓 B

電話：(852) 2137 2338　傳真：(852) 2713 8202

電子郵件：info@chunghwabook.com.hk

網址：http://www.chunghwabook.com.hk

發行 | 香港聯合書刊物流有限公司

香港新界荃灣德士古道 220-248 號 荃灣工業中心 16 樓

電話：(852) 2150 2100　傳真：(852) 2407 3062

電子郵件：info@suplogistics.com.hk

印刷 | 迦南印刷有限公司

香港新界葵涌大連排道 172-180 號金龍工業中心第三期 14 樓 H 室

版次 | 2021 年 6 月第 1 版第 1 次印刷

©2021 中華教育

規格 | 16 開（185mm x 230mm）

ISBN | 978-988-8758-89-0

大家好！我是御貓胖桔子，故宮的主人。

故宮，不光是一座宮殿，也是可以在晚上大冒險的地方。

1

初夏的御花園真舒服呀！剛下過一場雨，空氣裏飄着泥土和茉莉花的香氣。

我在為自己尋找能睡覺的地方。轉了幾個地方都不滿意，不是地太硬，就是泥土太潮濕。直到我走到了四神祠。它是一座八角形的小亭子，金黃的琉璃瓦頂上灑着格外清澈的月光。

2

亭子中間是一座小屋，四周廊道上是紅色油漆的木椅子。因為有屋頂擋雨，木椅上又乾燥又通風，真是個睡覺的好地方。

我慢悠悠地趴到木椅上，滿足地歎了口氣，閉上了眼睛。睡着前，我還在想，這麼小的亭子裏供奉的是甚麼神仙呢？風神、雲神、雷神和雨神？還是青龍、白虎、朱雀和玄武四方之神？為甚麼從來都沒聽人說起過呢？

忽然，起風了。周圍的樹葉在風中搖曳，唱着「沙沙」的歌。

這時，我的耳邊突然響起一個聲音：「誰在那裏睡覺呀？」

這個聲音不大，在人類聽起來恐怕也就蚊子叫那麼大的聲音，但是在我們貓的耳朵裏，它已經足夠把我吵醒了。

「你⋯⋯是誰？喵。」我顫抖着聲音問。

「我？」老婆婆笑了，她說，「嘿嘿，我是鼎鼎大名的王母娘娘啊！還不趕緊給我磕三個響頭？」

王母娘娘？

我斜眼看着她說：「你別騙我了。你的裙子上都有破洞了，怎麼可能是那麼大的神仙呢？」

「哈哈！你這隻肥貓還挺聰明。」老婆婆「哼」了一聲說，「我是黃大仙，你碰到我可倒霉了！」

「黃大仙？」我吸了口涼氣，那不就是黃鼠狼精嗎？我可沒少欺負故宮裏的黃鼠狼，經常嚇唬他們。

「你居然在四神祠裏睡覺，打呼嚕的聲音還那麼大。」黃大仙發出嚇人的聲音，「嘿嘿，今天晚上就把你烤了吃！」

沒想到四神祠居然是黃大仙的地盤，我轉身就跑，跑得比任何時候都快。

黃大仙卻在我身後哈哈直笑：「哈哈，你是跑不出我的地盤的。黃鼠狼們，給我追！」

我從木椅子上跳下來，剛落地就發現自己掉進了黑漆漆的地下隧道裏。

大風「呼呼」地吹在身上，都快把我吹跑了。但是，我堅持頂着風跑。

跑了不短的一段路，我偷偷回頭看了一眼。這一看不要緊，我嚇得腿都軟了。不知道有多少隻黃鼠狼，正瞪着紅通通的眼睛在後面追我。那樣子，和我平時看到的黃鼠狼完全不同。

看來，他們都想嚐嚐貓肉的味道。這麼一想，我跑得更賣力了。

跑着，跑着，黑漆漆的隧
道忽然變寬了。不遠的前方，可以
看見有光從出口的地方射進來。我的身
後，黃鼠狼們也被我甩掉了。我使盡全身力氣
朝着出口奔去。

衝出隧道，我不由得站住了。

巨大的、空蕩蕩的宮殿和高大的樹叢出現在我的眼前。

天空中的月亮有平時的十倍大，草叢在我眼裏有松樹那麼高，而松樹都變成了巨人。

怎麼回事？這也太嚇貓了！

我看着草叢裏和我差不多大的蟋蟀。平時還覺得他們挺可愛的，怎麼變大以後比怪獸還難看？

忽然，天空中飄來了黃大仙的聲音：「嘿嘿，我在這裏等你呢！」
我抬頭一看，黃大仙正坐在台階上看着我呢。她的旁邊，正燃燒着
一堆火，好多好多的黃鼠狼圍着火堆，流着口水看着我。

「我的孩子們都餓壞了。」黃大仙說。

我還想跑，但是被她那閃閃發亮的眼睛一瞪，腿立刻就軟了。難道，我養了這麼久的一身肉就要變成黃鼠狼們的大餐了嗎？

就在黃鼠狼們朝着我撲過來的時候，「唰、唰、唰」，半空中響起了搧動翅膀的聲音。

一匹高大的駿馬，搧着脊
背上巨大的翅膀從天空降落到我面
前。他渾身閃着淡藍色的光芒，嚇得黃
鼠狼們「呀」的一聲躲到了黃大仙的身後。

「天馬？」黃大仙皺起眉頭問：「你來做甚麼？」

「我來救胖桔子。」我頓時感到一陣眩暈，呀！天馬居然知道我的名字！

「他是我的晚餐。」黃大仙惡狠狠地說。

「看來，你需要換些別的東西吃了。」天馬不客氣地說，「也許你該去嚐嚐慈寧宮花園裏的櫻桃，吃素對你有好處。」

黃大仙兇巴巴地說：「別以為你是戰神，我就會怕你。你休想把這隻胖貓從我面前帶走！」

「哦？那就試試看吧。」
天馬朝我遞了個眼神，我立
刻跳到他的背上。

黃大仙伸出尖尖的爪子，
和黃鼠狼們一起撲了過來。天
馬搧起巨大的翅膀，把黃鼠狼
們吹得像落葉一樣四處飛散。

黃大仙唸起了奇怪的咒語，可還沒
等她唸完，天馬已經騰空而起，碩大的
後蹄狠狠地踩在了黃大仙的臉上，疼得
她「嗷嗷」直叫。

等我再睜開眼睛的時候，我已經飛在半空中了。

天馬的脊背很舒服，我頭頂的天空中掛滿了閃亮的星星。

「黃大仙還會追上來嗎？喵。」我小心翼翼地問。

「沒有人能追上我，神仙也不能。」天馬回答。

「呼——得救了！」我長舒了口氣說，「謝謝你救了我！要不是你，我今天就要變成『烤全貓』了。」

「有我們神獸在，故宮裏怎麼可能發生這種可怕的事呢？」天馬眨了眨眼睛。

頭頂的天空中，一顆
流星飛過。天馬慢慢降落
在御花園的澄瑞亭旁，我
從他的脊背上溜下來。

「晚安咯！」

說完，天馬像一隻被風吹上天空的氣球，朝着墨色的天空飛去。

「晚安，喵。」
我輕聲說。

今天真是累了，要趕緊找個好地方睡上一大覺。

胖猫子的故宫小百科

帝 王 最 愛 的 神 獸

天馬

我是長着翅膀的戰神 —— 天馬！在太和殿上的脊獸中排行第五。

聽說西方故事中也有長着翅膀的馬，叫獨角獸。可是，中國的天馬和西方獨角獸的樣子完全不同，你們千萬不要混淆啊！

我們跑起來快如閃電，能日行千里，所以在約二千多年前，漢武帝第一次看見我們後極為喜愛，稱讚我們是「天馬」，還為我們寫了流傳千古的詩賦《天馬歌》，將我們比為龍的同類。

我們是古代帝王鍾情的神獸，他們視我們為戰神的化身，能幫助他們開拓疆土，守護國家。

天馬徠，從西極，涉流沙，九夷服。

天馬徠，出泉水，虎脊兩，化若鬼。

天馬徠，歷無草，徑千里，循東道。

天馬徠，執徐時，將搖舉，誰與期？

天馬徠，開遠門，竦予身，逝崑崙。

天馬徠，龍之媒，遊閶闔，觀玉台。

——（漢）劉徹《天馬歌·其三》

天馬來了，從西方極遠的地方，走過沙漠，降服眾多的少數民族。

天馬來了，像龍那樣出自水中，長有雙脊梁，皮毛顏色如同老虎，又能任意變化，如同鬼神。

天馬來了，經過寸草不生的地方，走過遙遠的路程，來到了東方。

天馬來了，在辰年的時候來到，我將駕着天馬高飛到遙遠的地方，無可限期。

天馬來了，開通了上遠方的門，引領我高飛上崑崙山會見神仙。

天馬來了，龍也即將來臨，可以乘着龍登上天門，去觀賞天帝的居處。

故宮小物大搜查

大門上的「九九乘法表」 門 釘

相傳門釘由魯班發明，釘在門板上防止鬆動。由於釘帽外露影響外觀，所以工匠把釘帽改成圓墩狀，讓大門上立起了厚重的門釘。古代有府第等級，門釘的數量也會不同。在等級最高的紫禁城裏，幾乎所有大門都是「九行九列」八十一個門釘，只有東華門是「八行九列」。

（見第1頁）

門 環 被釘在大門上的怪獸

故宮裏的朱紅色大門上，有長着怪獸臉孔的門環。傳說這個怪獸叫椒圖，是龍的兒子，長得像螺蚌。椒圖遇到危險時會緊閉外殼，所以古人把它安裝在門上，寓意抵禦危險，祈求平安。一般的門環輕輕一叩會發出響聲，但故宮裏的門環只用作裝飾，不能叩動。

（見第1頁）

斗 拱 屋簷上的積木

在故宮宮殿的屋簷上，可以看到像搭積木一樣，一段一段互相重合交叉着的斗拱。斗拱用來支撐屋頂的重量，使建築物更美觀。它主要由方形的斗和弓形的拱，經多重交叉組合而成，不會使用膠水和釘子。

（見第2-3頁）

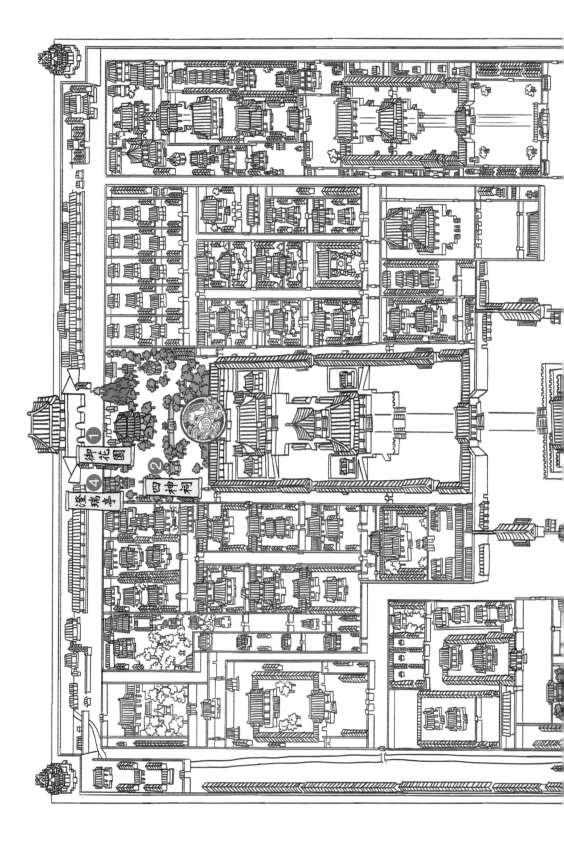

詳結弓和天匹的故宮嗨宮曛神圖

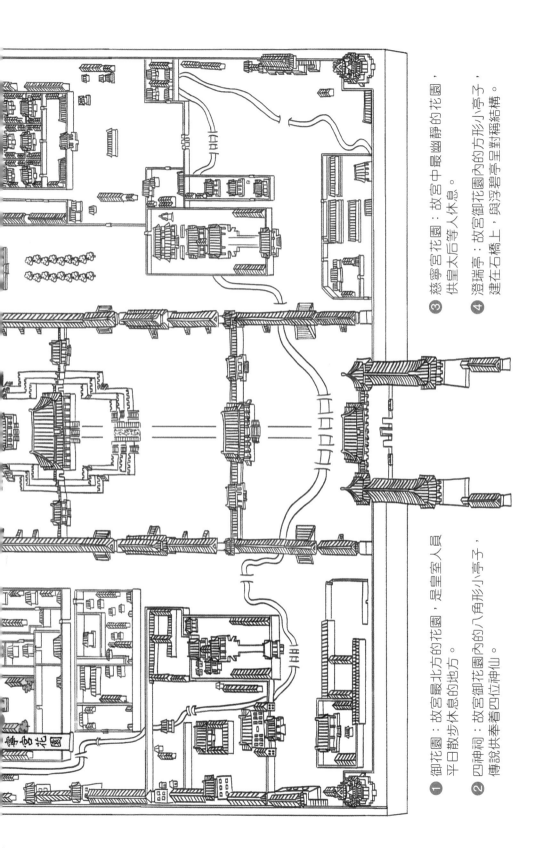

① 御花園：故宮最北方的花園，是皇室人員平日散步休息的地方。

② 四神祠：故宮御花園內的八角形小亭子，傳說供奉著四位神仙。

③ 慈寧宮花園：故宮中最幽靜的花園，供皇太后等人休息。

④ 澄瑞亭：故宮御花園內的方形小亭子，建在石橋上，與浮碧亭呈對稱結構。

常 怡

　　說起天馬，你是不是想起了歐洲獨角獸的形象？那就說明你太不了解中國的天馬啦！

　　中國的天馬是擁有無量勇氣的戰神，是英武的怪獸。漢武帝劉徹歌詠天馬，說牠是龍的同類，展翅飛翔能穿越千里，高飛上天沒有界限，是超凡的存在。

　　中國古代的帝王往往極愛天馬。不光是因為牠善戰，還因為每個偉大的帝王都希望自己能權力無邊，既能統治凡間，又能治理天界。天馬正符合了他們的理想。

　　我特意在《戰神天馬》裏設計了打鬥的動作場面，希望讓天馬完全擺脫獨角獸的影子，在孩子們心中重塑牠戰神的形象。

陳　昊

對御貓們來說，故宮裏也埋伏着危險。

誰能想到，睡個懶覺的工夫還會遇到黃鼠狼精呢？

如何展現出黃大仙的「邪惡」，又不讓孩子們感到害怕？這讓我在構思時花了不少的時間。但後來我想通了，黃大仙再可怕，等天馬出現時也不成問題了。

當胖桔子身處絕境的時候，戰神天馬應聲而來，幫胖桔子解了圍。天馬駕到，哪怕是有些道行的黃大仙也帥不過三秒。

有了這次經歷，下次胖桔子遇到弱小的動物遭受危難，會成為下一個戰神嗎？

我回想了一下他在《海馬的石階》中的表現……算了，還是先等他學會直接面對打斷自己跑步的貓頭鷹後再說吧！